Klemens Bock

Die „europäische Region": Rhône-Alpes

GRIN Verlag

Bibliografische Information der Deutschen Nationalbibliothek:

Die Deutsche Bibliothek verzeichnet diese Publikation in der Deutschen National-
bibliografie; detaillierte bibliografische Daten sind im Internet über http://dnb.d-
nb.de/ abrufbar.

Impressum:

Copyright © 2005 GRIN Verlag GmbH
Druck und Bindung: Books on Demand GmbH, Norderstedt Germany
ISBN: 978-3-640-10955-5

Dieses Buch bei GRIN:

http://www.grin.com/de/e-book/112090/die-europaeische-region-rhone-alpes

RWTH Aachen, Geographisches Institut
Hauptseminar: Wirtschaftsregionen und/ oder Verwaltungseinheiten in der EU
(und ihre wirtschaftliche Profilierung)
Wintersemester 2005

Die „europäische Region" : Rhône-Alpes

Klemens Bock

Inhaltsverzeichnis:

1. Einleitung

Nach dem 2.Weltkrieg beschrieb der Geograph Gravier 1947, in dem viel beachteten Buch „Paris et le désert francais"[1], Frankreich als ein weitgehend agrarisch geprägtes und wenig industrialisiertes Land, das durch starke regionale Disparitäten gekennzeichnet war. Um die wirtschaftliche Schwäche zu beenden, schien es der Regierung notwendig, dem Staat die zentrale Rolle in der Wirtschaftsentwicklung des Landes zukommen zu lassen. Aus diesem Grunde installierte sie die Planification, eine zentralstaatliche Wirtschaftsplanung und setzte damit die zentralistische Politik der Vergangenheit fort. Seitdem hat sich die Beziehung zwischen der französischen Regierung und den Gebietskörperschaften allerdings fundamental geändert. Um den Prozess der Dezentralisierung seit den 60er Jahren des 20. Jh. und die damit verbundene Aufwertung der Regionen besser zu verstehen, erscheint es sinnvoll, eine kurze Einführung in die französische Industrie- und Wirtschaftspolitik zu geben. Damit beginnt diese Arbeit. Danach wird auf die Entstehungsgeschichte der Region Rhône-Alpes eingegangen. Ihr administrativer Aufbau und ihre Kompetenzen sollen anschließend kurz erläutert werden.

Der zweite Abschnitt der Arbeit beschäftigt sich dann ausführlich mit dem zentral in Europa gelegenen Wirtschaftsraum Rhône-Alpes. Zunächst wird der Naturraum beschrieben, danach folgt eine wirtschaftsgeschichtliche Beschreibung als Grundlage dieses Abschnittes. Anschließend wird zum einen die sektorale Struktur der Wirtschaft besprochen, zum anderen auf die räumliche Verteilung der Wirtschaft eingegangen. Da der sekundäre Sektor den Motor der regionalen Wirtschaft darstellt, liegt der Schwerpunkt der Arbeit auf der Darstellung der industriellen Entwicklung und der Verteilung der Industrie innerhalb der Region. Daraufhin befasst sich die Arbeit mit dem Dienstleistungssektor in der Region Rhône-Alpes, um schließlich die Ergebnisse im Fazit zusammenfassen zu können.

---

[1] Dt.: „Paris und die französische Wüste"

2. Wirtschafts- und Industriepolitik in Frankreich (Zentralismus und Dezentralisierung)

Seit Beginn der Staatenbildung im späten Mittelalter ist Frankreich durch eine zentralistische Ordnung geprägt. Waren die zentralistischen Strukturen in Politik und Verwaltung zunächst erforderlich, um die Einheit des heterogenen Staatengebildes zu sichern, wurden im Zuge der Französischen Revolution und der Reformen Napoleons die Kompetenzen der Zentralregierung sukzessive ausgebaut und erstreckten sich bald auf alle gesellschaftlichen Bereiche (Hoffmann-Martinot, V. 2005:323). So spielten die Vorgaben und Anordnungen aus Paris auch im Bereich der Wirtschaft die entscheidende Rolle. Bereits unter Ludwig XIV (1661-1715) errichtete der für die merkantilistische Politik verantwortliche Minister Colbert ein Kontrollsystem der Wirtschaft. Er belegte den Bergbau mit königlichen Konzessionen, ließ Schifffahrtswege und Häfen bauen, Manufakturen errichten und „...legte die ersten Industrialisierungsansätze in die Hände des Staates" (Brüchner, W. 1987:670). Napoleon drängte die mit der Revolution aufgekommenen föderalistischen Elemente zurück und stärkte die Zentralgewalt (Michna, R. 1997:36). Auch nach dem 2.Weltkrieg setzte sich die Zentralisierung fort, indem die französische Regierung mit der „Planification" eine zentralstaatliche Wirtschaftsplanung installierte. Aufbauend auf der ideengeschichtlichen Tradition des Merkantilismus und angesichts der desolaten wirtschaftlichen Situation herrschte die Meinung vor, der Staat müsste in die wirtschaftlichen Abläufe eingreifen, um die Modernisierung der Wirtschaft voran zu treiben und den Wiederaufbau zu steuern. Das zu diesem Zweck geschaffene Plankommissariat erstellte mittelfristige Investitions- und Finanzplanungen, an denen sich die Wirtschaftspolitik künftig orientieren sollte. Gleichzeitig wurden 6 Bereiche genannt, denen die Regierung besondere Bedeutung für Modernisierung und Aufbau beimaß: u. a. Kohle, Stahl, Elektrizität, Zement (Uterwedde, H. 2004:11).

Das zweite Zeichen für den großen staatlichen Einfluss war der verstaatlichte Wirtschaftssektor, der in den Jahren zwischen 1944 und 1948 entstand. Im Finanz- und Versicherungssektor sowie in den für die Infrastruktur relevanten Bereichen wie Verkehr, Nachrichtenwesen und Energie wurden die meisten Unternehmen unter staatliche Kontrolle gestellt, wodurch der Staat über die notwendigen Ressourcen verfügen konnte, um die Modernisierungspläne auszuführen.[2] Ein weiteres Instrument der staatlichen Lenkung der Modernisierung stellt die Industriepolitik dar. Da die französische Industrie in vielen

---

[2] Der spürbare Erfolg der Verstaatlichungen erzeugte in der französischen Gesellschaft die Überzeugung, dass verstaatlichte Unternehmen ein wirksames Mittel zur Bekämpfung wirtschaftlicher Krisen seien. Aus diesem Grund kam es unter der sozialistischen Regierung unter Präsident Mitterand Anfang der 80er Jahre zu weitreichenden Verstaatlichungen in der Industrie. Auch die Protestaktionen im Herbst 2005 im Zusammenhang mit den Privatisierungsplänen der Fährgesellschaft SNCM und EDF haben gezeigt, dass auch heute noch ein Teil der französischen Bevölkerung staatliche Eingriffe in das Wirtschaftssystem befürwortet.

Bereichen nur schwach entwickelt war, stellte die Regierung unter de Gaulle 1958 erstmals eine Liste strategischer Sektoren auf, in denen die industrielle Entwicklung durch spezielle Förderungen beschleunigt werden sollte. Schwerpunkte dieser Politik lagen in der Unterstützung hochtechnologischer Branchen und Produkte: Luft- und Raumfahrtindustrie, Atomenergie, Verkehr (TGV, Concorde), Computerbau und Rüstungsindustrie (Uterwedde, H. 2004:12). Der Staat investierte erhebliche Mittel in F&E und Produktionstechniken, um eine französische Produktion in diesen Bereichen zu sichern.

Die staatliche Wirtschafts- und Industriepolitik nach dem 2.Weltkrieg bis in die 70er Jahre kann durchaus als erfolgreich beurteil werden. Innerhalb von 30 Jahren wandelte sich Frankreich von einem weitestgehend agrarisch geprägten Staat in eine moderne Industrie- und Dienstleistungsgesellschaft. Dennoch darf nicht darüber hinweg gesehen werden, dass die „von oben" verordnete Wirtschaftspolitik auch zu Konflikten führte. Vom raschen Strukturwandel profitierten nicht alle Gesellschaftsgruppen gleichermaßen, viele Kleinunternehmen und Händler mussten aufgrund der sich verändernden Wettbewerbslage aufgeben. Auch die wirtschaftlichen Disparitäten veränderten sich nicht wesentlich. Erst 1963 wurde die *Délégation á l`Aménagement du Territoire et á l`Action Réginale* (DATAR) gegründet, um dem „Widerspruch zwischen sektoral ausgerichteter Planification und räumlicher Lenkung, dem Aménagement du Territoire (AT), [...] zu begegnen" (Tharun, E. 1987:701).

Erheblich verstärkt wurde die Kritik an der Regierungspolitik durch die erste Ölkrise 1973. Erstmals seit dem Ende des Krieges stagnierte das Wirtschaftswachstum. Die Mängel der verordneten Regierungspolitik wurden nun sichtbar. Sie bestanden offensichtlich darin, dass die Wirtschaft fast ausschließlich in den Wirtschaftszweigen mit staatlicher Beteiligung wuchs. In anderen Bereichen mit überwiegend privatwirtschaftlicher Nachfrage wie in der Konsumgüterindustrie zeigten sich die Schwächen der französischen Wirtschaft. Ein weiteres Problem zeigte sich in der mangelnden Flexibilität der traditionellen Industrien der Bereiche Textilien, Kohle und Stahl. Die notwendigen Strukturanpassungen waren hier versäumt worden, wodurch die Betriebe an Konkurrenzfähigkeit im zunehmenden internationalen Wettbewerb verloren. Nachdem auch ein Versuch durch Verstaatlichungen privater Industrieunternehmen im Jahre 1981 nicht zum gewünschten Erfolg führte, erkannte die sozialistische Regierung unter Mitterand, dass ein Richtungswechsel in der Wirtschaftspolitik unausweichlich geworden war (Uterwedde, H. 2004:13). Auch wenn es seit den 1960er Jahren bereits kleinere dezentralisierende Reformen gegeben hatte, äußerte sich die Neuorientierung in der Wirtschaftspolitik vor allem in den Dezentralisierungsgesetzen des

Jahres 1982, die den regionalen Entscheidungsträgern erstmals mehr Kompetenzen und Mitspracherechte in Fragen der Raumordnung und –planung zugestand. Die Hauptinhalte der Gesetze lassen sich folgendermaßen beschreiben: Aufwertung der Regionen zu rechtlich vollwertigen Gebietskörperschaften analog zu den Gemeinden und den Departements (Brüchner, W. 1987:672); Ausweitung des Exekutivrechts auf die Departements- und Regionalräte, wodurch die Gebietskörperschaften ermächtigt wurden, eigene wirtschaftspolitische Initiativen einzuleiten; und die Abschaffung aller zentralstaatlicher Vorabkontrollen in Verwaltung und Finanzpolitik (Hoffmann-Martinot, V. 2005:323).

Auch wenn sich der Staat in der jüngeren Vergangenheit im Zuge der europäischen Integration und der damit verbundenen Deregulierung und Liberalisierung des europäischen Binnenmarktes sukzessive aus der Wirtschaft zurückgezogen hat, bestimmt er bis zum heutigen Tage bedeutende Bereiche der französischen Wirtschaft, vor allem bei den öffentlichen Dienstleistungen wie z. B. Post, dem Energiewesen oder der Infrastruktur. Damit bleibt der Staat ein entscheidender wirtschafts- und industriepolitischer Akteur.

3. Die Region Rhône-Alpes

3.1 Die Entstehung der Region Rhône-Alpes

Rhône-Alpes ist als ehemaliges Grenzgebiet zwischen Frankreich und dem Heiligen Römischen Reich Deutscher Nation aus historischer Perspektive ein äußerst heterogenes Gebilde. Der Eingliederungsprozess der einzelnen Gebiete der Region dauerte vom Hochmittelalter bis in die zweite Hälfte des 19. Jh. Ab dem 12. Jh. wurde die regionale Entwicklung geprägt durch den Konflikt zwischen der Dauphiné (mit Hauptstadt in Grenoble) und Savoyen. Das Herrschaftsgebiet Savoyens erstreckte sich über das Wallis, das Waadtland und Genf im Norden bis weit nach Norditalien vor die Tore von Mailand. Das Zentrum der Regionalmacht lag in Chambéry, von wo aus die Alpenpässe nach Italien kontrolliert werden konnten. Ab dem 16. Jh. änderte sich die Situation, als die Dauphiné in das Gebiet der französischen Krone aufging. Von nun an wurde Savoyen, das 1713 zum Königreich Sardinien-Piemont erhoben wurde, immer wieder von französischen Truppen angegriffen und teilweise besetzt, was zu Gebietsverlusten im Norden und schließlich zur Ostverlagerung des Herrschaftszentrums nach Turin führte. Im Verlauf der Feldzüge Napoleons wurde das Königreich Sardinien-Piemont, als traditioneller Bündnispartner der Habsburger Krone, vernichtend geschlagen und unter französische Herrschaft gestellt. Auch die Restauration des Königreichs auf dem Wiener Kongress konnte letztlich nicht mehr verhindern, dass die

Gebiete der heutigen Departements Savoie und Haute-Savoie schließlich im Vertrag von Turin 1860 dem französischen Reich angegliedert wurden (Michna, R. 1997:14-43).

<u>Abbildung 1: Das Gebiet der Region Rhône-Alpes</u>

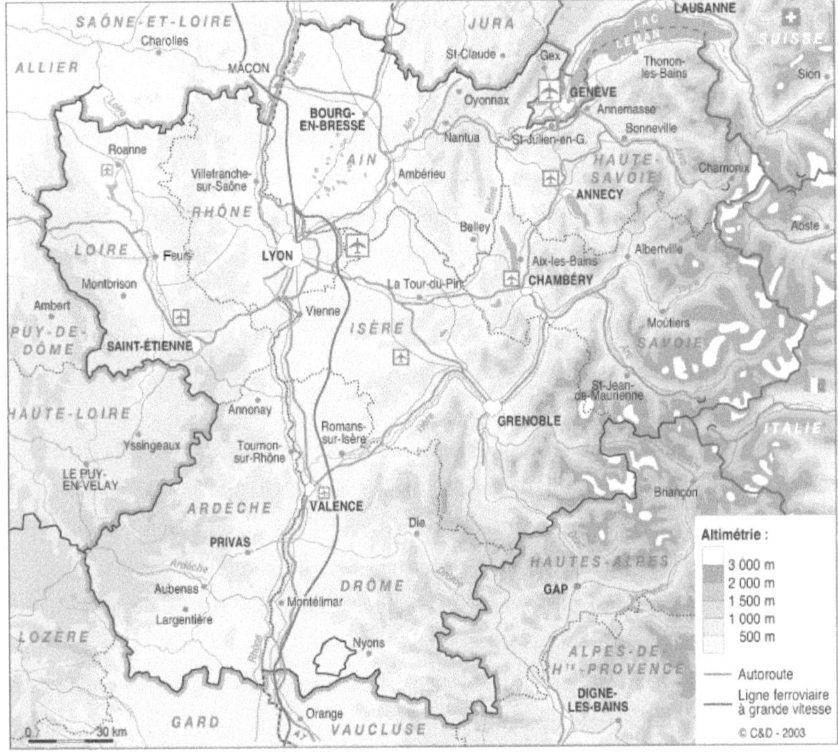

Quelle: CCI 19.11.2005

Die Region Rhône-Alpes besteht heute aus 8 Departements (Ain, Ardèche, Drôme, Isère, Loire, Rhône, Savoie und Haute-Savoie) mit insgesamt 2879 Gemeinden. Die Regionen in Frankreich entstanden im Gegensatz zu den Departements erst in der zweiten Hälfte des 20.Jh. In den 50er Jahren wurden im Zuge des wirtschaftlichen Wiederaufbaus 22 „Programmregionen" in Frankreich gebildet, die allerdings nur funktionale Verwaltungseinheiten ohne eigene Kompetenzen darstellten. Bis zum heutigen Tage sind diese Strukturen in Form der Regionen erhalten geblieben. Einen Sonderfall stellt hier die Region Rhône-Alpes dar, welche erst 1960 durch die Vereinigung der Programmregionen Rhône-Loire (Ain, Ardèche, Drôme, Loire und Rhône) und der *Région des Alpes* (Isère, Savoie, Haute-Savoie) in ihrer heutigen Form entstand. Diesem Zusammenschluss waren erhebliche Interessenkonflikte zwischen Lyon und Grenoble vorausgegangen. Grenoble, als Hauptstadt der *Région des Alpes*, war natürlich am Status der Regionalhauptstadt interessiert und plädierte für das Fortbestehen der beiden Einheiten. Letztlich wurde die große Lösung durchgesetzt und es entstand am 2. Juni 1960 die Region Rhône-Alpes mit der Hauptstadt Lyon (Michna, R. 1997:41). In der Entstehungsgeschichte der Region begründet sich somit eine gewisse Konkurrenzsituation zwischen Lyon und Grenoble, welche bis zum heutigen Tag fortwährt, wenn auch in abgeschwächter Form.

Es vergingen jedoch noch zwei weitere Jahrzehnte bis die Dezentralisierung 1982 durch die so genannten „Dezentralisierungsgesetze" entscheidend vorangetrieben wurde. Erstmals erhielten die Regionen als eigenständige Gebietskörperschaften Kompetenzen, was mit der Aufwertung der regionalen Organe einherging. Die administrative Organisationsstruktur und die Aufgaben der Region Rhône-Alpes sollen im Folgenden näher beschrieben werden.

3.2 Verwaltungsstrukturen der Region Rhône-Alpes

1) Regionalrat - Conseil Régional

Die Ratsmitglieder werden durch allgemeine und direkte Wahlen auf Departementsebene gewählt. Die Sitzverteilung im Regionalrat richtet sich nach der Bevölkerungszahl der einzelnen Departements. Dementsprechend entsendet das Departement Rhône, das bevölkerungsreichste Departement der Region, am meisten Abgeordnete in den Rat.

Die wichtigsten Aufgaben liegen in der Verabschiedung des Haushaltes und in der Verabschiedung regional wirksamer Erlasse und Beschlüsse.

Die Mitglieder des Rates wählen aus ihrer Mitte den Präsidenten der Region, der zugleich das Exekutivorgan der Region darstellt.

Gemäß seiner Aufgabe, die Entwicklung auf wirtschaftlichem, wissenschaftlichem, sozialem und kulturellem Gebiet zu fördern, setzt der Regionalrat Ausschüsse zu den jeweiligen Themen ein. Die Anzahl dieser Kommissionen variiert in den Regionen, in Rhône-Alpes gibt es zurzeit 16 (Conseil Régional 2005:6). Jeweils 25 Regionalräte widmen sich in den Fachkommissionen Themen wie u.a. Ausbildung und Forschung, Transport, Energie, Tourismus, ländliche Entwicklung. In diesen Kommissionen werden Vorschläge zur regionalen Politik erarbeitet und dann dem Regionalrat zur Abstimmung vorgelegt.

Darüber hinaus kann der Regionalrat einen Teil seiner Zuständigkeiten an eine ständige Kommission, einem weiteren Organ der Region, übertragen.

2) Präsident der Region

Die Exekutive in der Region wird durch den Präsidenten der Region sowie durch dessen Stellvertreter verkörpert. Er bestimmt die Linien der Politik und der Verwaltung in der Region, da ihm sowohl die Vorbereitung als auch die Umsetzung der Beschlüsse des Regionalrats obliegen. Zusätzlich überwacht er die regionalen Finanzen (Conseil Regional 2005:6). Da der Präsident seinen Vizepräsidenten Machtbefugnisse und Unterzeichnungsvollmachten erteilt, können diese praktisch als Minister der Region angesehen werden (Kempf, U. 1997:86). Die Exekutive in der Region liegt ausschließlich beim Präsidenten, woraus eine sehr starke Position des Präsidenten erwächst, zumal für die anderen Organe der Gebietskörperschaften keine Möglichkeit besteht, den Präsidenten abzusetzen.

3) Conseil Economique et Social Régional (CESR)

Diesem Organ kommt nur konsultative Bedeutung zu. So gibt der Rat Stellungnahmen zu Fragen der regionalen Entwicklung ab. Die Zusammensetzung aus Vertretern von Arbeitgeber- und Arbeitnehmerverbänden sowie sozialen Organisationen ist gesetzlich festgelegt. Hinzu kommen noch vom Premierminister delegierte Personen.

3.3 Die Beziehungen zwischen Staat und der Region Rhône-Alpes

3.3.1 Stellung und Funktion des Präfekten

Mit der Dezentralisierungsreform 1982 wurde die starke Position des Staates in der regionalen Verwaltung durchbrochen. Mit der Übertragung von staatlichen Aufgaben auf die Gebietskörperschaften wandelte sich auch die Stellung des Präfekten fundamental, der vormals über weitreichende Kontrollfunktionen verfügte und somit ein Garant der zentralstaatlichen Ordnung war. Der Präfekt ist Vertreter des Staates bei den Gebietskörperschaften, er untersteht nach wie vor direkt dem Premierminister. Eine Aufgabe des Präfekten besteht in der juristischen Vertretung des Staates durch die Überprüfung der Legalität der Entscheidungen des Regionalrats. Neben weiteren protokollarischen Tätigkeiten liegt der Schwerpunkt aber in der Schlichtung und Vermittlung zwischen den Gebietskörperschaften oder bei Konflikten zwischen einer Gebietskörperschaft und dem Staat. Er erfüllt die Rolle eines Dialogpartners zwischen den politischen Akteuren auf regionaler und lokaler Ebene.

Bei der Ausübung seiner Tätigkeit wird der Präfekt unterstützt durch das *Secrétariat Général pour les Affaires régionales* (SGAR). Mittels dieser Institution werden die staatlichen Vorstellungen in der Region angeregt, betrieben und koordiniert. Des Weiteren wirkt es als Schaltstelle für die europäische Politik in der Region (Kempf, U. 1997:110-112).

3.3.2 Staatsvertrag – Contract de Plan

„Die Politik der Vertragsschließung zwischen Staat und Region dient als Bestandteil der *planification* dazu, die Übereinstimmungen der öffentlichen Akteure über gemeinsam vorherrschende Ziele zu stärken. Darüber hinaus soll die Kohärenz zwischen den staatlichen Prioritäten und denen der Regionen bzw. der Gebietskörperschaften hergestellt und gegebenenfalls mit den Vorgaben der Europäischen Union in Einklang gebracht werden" (Kempf, U. 1997:112). Durch die Gesetze von 1982 wurden die Regionen Partner des Staates bei der Umsetzung der staatlichen Planification. Das Procedere der Vertragsschließung kann folgendermaßen beschrieben werden: Die vom Präsidenten des Regionalrats erarbeiteten Projekte werden dem Präfekten übergeben, der nun die Vorschläge überprüft und ggf. Änderungsvorschläge macht. Sofern Übereinstimmung über den Entwurf besteht, wird er nach Paris weitergeleitet und in dem zuständigen Ministerium bewertet.

Entspricht der Plan den Vorstellungen der Regierung wird der Plan durch den Präfekt als Stellvertreter des Staates unterzeichnet. Die im Vertrag eher allgemein gehaltenen Prioritäten werden anschließend in Einzelverträgen in Zusammenarbeit mit den Departements und Gemeinden konkretisiert. Die Umsetzung des Plans in der Region wird vom Präfekten kontinuierlich überwacht. Im zurzeit gültigen *Contrat de Plan entre l'Etat et la Région Rhône-Alpes 2000-2006* sind die einzelnen Ziele in 14 Programmen dargestellt. Auch wird in dem Vertrag die finanzielle Unterstützung des Staates für die Region festgelegt, ebenso wie die geplanten Ausgaben der Region im behandelten Zeitraum. Die staatlichen Zahlungen an die Region belaufen sich auf ein Finanzvolumen von 8,341 Mrd. Euro (CdP 2000:11).

3.4 Kompetenzen und Aufgaben der Region

Im Gegensatz zu den Kommunen und den Departements sind die Handlungsfelder der Regionen sehr genau beschrieben und spezialisiert. Die Regionen handeln hauptsächlich projektorientiert.

Die wichtigsten Kompetenzen der Regionen liegen in folgenden Bereichen:

1. Raumplanung, Verkehr und Infrastruktur

Die Region erstellt den regionalen Raumordnungsplan in Kooperation mit dem Staat (Planverträge mit dem Staat), ebenfalls entsteht der Verkehrs- und Infrastrukturplan (Contrat de développement de Rhône-Alpes) in der Region. Darüber hinaus trägt die Region die Verantwortung im öffentlichen Verkehr einschließlich der Schiene.

2. Wirtschaft

Seit 1982 kann die Region eigenverantwortlich über direkte und indirekte Hilfen an Unternehmen entscheiden. In den Regionsadministrationen werden außerdem regionale Pläne zur Wirtschaftsentwicklung erarbeitet und auch die direkte Verantwortung der EU-Strukturfondshilfen untersteht den Regionen.

3. Bildung

Zum einen haben die Regionen für Finanzierung, Bau und Unterhalt der Gymnasien zu sorgen, zum anderen liegt die Gesamtverantwortung für regionale berufliche Erstausbildung sowie die Weiterbildung bzw. Umschulung bei den Regionen. (Uterwedde 2005:337)

3.5 Einnahmen / Ausgaben – konkrete Politik

Um die regionale Politik besser beurteilen zu können, erscheint es ratsam auch die finanzielle Ausstattung in die Betrachtung mit einzubeziehen.

<u>Abbildung 2 : Ausgaben der Region Rhône-Alpes (2004) in Mio. Euro</u>

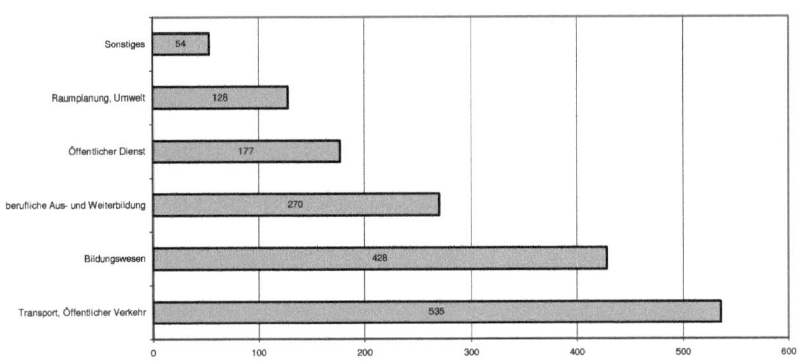

Quelle: Conseil Régional (29.09.2005), eigene Bearbeitung

Zusätzlich ist es aufschlussreich, die Einnahmen der Region näher zu betrachten. Dabei fällt auf, dass nur knapp ein Drittel des Haushaltes durch Steuereinnahmen gedeckt ist. Der Rest wird durch Kreditaufnahme und Transferzahlungen des Staates gedeckt (Conseil Régional 2005: 7). 50 % der Einnahmen stammen vom Staat; wodurch die Einflussnahme der Regierung in Paris auf die Region gewährleistet bleibt.

In den letzten Jahren sind die Kompetenzen der Regionen stetig angewachsen, dennoch sind der Entwicklung der Regionen Grenzen gesetzt, da auch die Departements und in zunehmendem Maße auch größere Städte ihren Einfluss geltend machen und somit in Konkurrenz zu den Regionen treten (Hoffman-Martinot,V. 2005: 330).

4. Der Wirtschaftsraum der Region Rhône- Alpes

4.1. Naturräumliche Einordnung

Die auch unter dem Namen „Région lyonnaise" bekannte Region erstreckt sich über 43698 qkm, was 7,8 % des französischen Staatsterritorium entspricht, und ist somit die flächenmäßig zweitgrößte Region Frankreichs (Baleste, M und C. Vareille 1995:167).

Die Region Rhône-Alpes ist geprägt durch enorme geographische Gegensätze. In keiner anderen französischen Region finden sich so ausgeprägte regionale Unterschiede wie hier. Von rund 50 Meter über N.N. bei Pierrelatte an der südlichen Rhône bis zum 4808 Meter hohen Mont Blanc in den Alpen erstreckt sich die Landschaft. Entsprechend finden sich Gletscher genauso wie die sommertrockenen submediterranen Landschaften der Ardèche im Süden der Region.

Schematisch betrachtet bilden die verschiedenen Einheiten eine Abfolge von nordsüdlich verlaufenden Streifen. Von Ost nach West folgen auf die Faltengebirge von Jura und Alpen zunächst die außeralpinen Plateaus im Tief- und Hügelland von Dauphine, Bresse und Dombes. Daran schließen sich die großen Flussläufe der Rhône und Saône an, die an die Ostflanke des Zentralmassivs angrenzen. Westlich liegt das Becken der oberen Loire. Die Höhen der Monts du Forez begrenzen die Region im Westen. Außer in den Flussebenen bestimmen gebirgige Landschaften das Relief. Hervorzuheben ist dabei, dass über die Hälfte der gesamten Fläche über 500 Meter N.N. liegt (Baleste, M und C. Vareille 1995:171).

4. 2. Wirtschafträumliche Entwicklung

Rhône- Alpes ist nach der Ile de France die zweitstärkste Wirtschaftsregion Frankreichs.[3]

Sie zeichnet sich im Gegensatz zu den meisten anderen französischen Regionen durch eine polyzentrische Städte- und Wirtschaftsstruktur aus (Michna, R. 1997:119). Neben Lyon als Metropole mit 1,34 Mio. Einwohnern entwickelten sich im Laufe der Jahrhunderte mehrere städtische Zentren. In der zentralörtlichen Hierarchie folgen Grenoble (419.000 Einwohner), St. Etienne (291.000 Einwohner) sowie die Städte Annecy, Valence, Chambéry und Annemasse in der Nähe von Genf mit jeweils über 100.000 Bewohnern. Insgesamt 5,98 Mio. Menschen leben in der Region (1999 5,65 Mio. Einwohner). Die vielfältigen soziokulturellen

---

[3] Das BIP belief sich im Jahr 2002 auf 145 Mrd. Euro, was 9,6 % des französischen BIP entspricht (ICC 2005a:2).

Verknüpfungen mit dem Ausland, im Besonderen mit der Schweiz und Italien, begründen sich ebenfalls in der Geschichte der Region.

Aufgrund seiner verkehrsgünstigen Lage im Schnittpunkt der Nord-Süd- und der Ost-West-Verkehrsachsen entwickelte sich Lyon bereits in der Antike zu einem Verkehrsknotenpunkt und bedeutendem Handelszentrum. Die starke Frequentierung als Grenzstadt (bis 1601) sorgte für schnelles Wachstum der Bevölkerung und der wirtschaftlichen Aktivitäten. Bereits im 16. Jh. war die Stadt vor allem für ihre Messen europaweit bekannt, auch entstand durch den intensiven Kontakt nach Norditalien das Bankgewerbe. Dienstleistungen gewannen stetig an Bedeutung.

Mitte des 16. Jh erfuhr die Stadt einen besonderen Auftrieb. Sie wurde von Franz I (1515-1547) in der Folge der Kriege gegen Savoyen dazu auserwählt, einen Standort für die Seidenherstellung zu bilden. Ihr wurde das Monopolrecht für Seidenhandel übertragen und den Seidenwebern Steuerfreiheit zugestanden, um den oberitalienischen Städten wie Mailand Konkurrenz zu machen. Diesem Angebot des Königs folgten viele italienische Weber und Kaufleute, die fortan zur Prosperität der Stadt als internationalem Handelsplatz beitrugen. Ebenso lockte die Stadt diverse Kulturschaffende, Dichter und Maler, durch die Lyon zu einem Zentrum der Renaissance aufstieg. Am Ende des 18. Jahrhunderts lebten in Lyon schließlich über 100.000 Menschen, allerdings wirkte sich die französische Revolution deutlich negativ auf die wirtschaftlichen Aktivitäten der Stadt aus. Erst mit der Gründung der Republik und der Industriellen Revolution erlebte Lyon als Zentrum der Region wieder einen deutlichen Aufschwung (Baleste, M und C. Vareille 1995:173).

4.3 Industrialisierung der Region „lyonnaise"

Anfang des 18. Jh. stieg die Textilindustrie zur bedeutendsten Branche in der Region auf. Ausgehend vom Zentrum Lyon, wo sich die Seidenverarbeitung in spezialisierten Betrieben festigte, entwickelten sich im Umland mehrere Standorte der Textilindustrie. Als Folgeindustrie der Textilbranche entstand am Ende des 19. Jh. die chemische Industrie, in der zunächst Färbe- und Bleichmittel, ab den 1920er Jahren auch Kunstfasern und andere chemische Produkte hergestellt wurden. Gleichzeitig entstand eine metallverarbeitende Industrie, die nach und nach die Textilverarbeitung als wichtigste Industrie im Umland Lyons verdrängte. In diesem Zusammenhang sind vor allem der Textilmaschinen- und Kraftfahrzeugbau relevant. (Michna, R. 1997:120). Der wirtschaftliche Aufschwung begünstigte auch das Aufkommen des tertiären Sektors. Durch den enormen

Finanzierungsbedarf der Industrialisierung etablierte sich Lyon als Finanzplatz, auch das Messewesen erlebte neue Höhen. Des Weiteren wurde in Lyon frühzeitig die Bedeutung der schulischen Ausbildung und beruflichen Qualifikation für die wirtschaftliche Entwicklung einer Region erkannt. Es entstanden im Laufe des 19. Jh. mehrere Berufs- und Fachschulen. Die technologische Entwicklung innerhalb der Region wurde entscheidend durch die Bemühungen der lokalen Industriellen beeinflusst, auf deren Initiative im Jahr 1876 ein Lehrstuhl für Industrielle Chemie eingerichtet wurde. Auf Initiative der Handwerkskammer entstand schließlich die *Ecole Supérieure de chemie industrielle*, von der wichtige Impulse für die wirtschaftliche Entwicklung durch verbesserte Produktionsverfahren ausgingen (Michna, R. 1997:120).

Ein weiteres Zentrum der industriellen Entwicklung lag in der Region um die Stadt St.Etienne. Hier gab es bereits im 16. Jh. textil- und metallverarbeitendes Gewerbe. Aber erst im 19. Jh. erwuchs die Stadt zu überregionaler Bedeutung durch die Expansion des Steinkohleabbaus und der Schwerindustrie. In der Mitte des 19.Jh war die Region das wichtigste Zentrum der französischen Kohleförderung (Pletsch, A. 2003:230). 1880 lieferte das Revier von St. Etienne ein Drittel der französischen Stahlproduktion. Das Wachstum der Eisen- und Stahlindustrie forcierte die Ansiedlung verschiedener Zweige der Metallverarbeitung, so dass am Ende des Jahrhunderts die Stadt durch einen hohen und sehr diversifizierten Industriebesatz gekennzeichnet war. Unter anderem die Waffenherstellung war stark vertreten[4], später auch die Fahrradproduktion, in der im Jahre 1930 über 10.000 Menschen in 140 Betrieben Beschäftigung fanden. So entstand schließlich für St.Etienne die Bezeichnung „capitale des armes et des cycles"[5]. Neben der Eisen- und Stahlindustrie blieb aber auch die Textilbranche bedeutsam. Die rasante Entwicklung der Stadt im 19. Jh. spiegelt sich im Bevölkerungswachstum wider. Zwischen 1802 und 1872 wuchs die Bevölkerungszahl von 16.000 auf 125.000 Einwohner (Michna, R. 1997:121).

Im Unterschied zu St. Etienne ist der Einfluss Lyons in der so genannten „Alpenhauptstadt" Grenoble traditionell nicht stark ausgeprägt. Bekannt war die Stadt im 18. und frühen 19. Jh. für die Lederhandschuhproduktion. Doch die Wirtschaft entwickelte sich erst am Ende des 19.Jh. rasant fort, als im Jahr 1869 das erste Wasserkraftwerk zur Stromerzeugung erbaut wurde. Da Elektrizität nur mit enormen Leistungsverlusten und mit hohen Kosten über

---

[4] Einen Boom erlebte die Militärproduktion während des 1. Weltkrieges, als weitere Unternehmen aufgrund der frontfernen Lage in St. Etienne angesiedelt wurden.
[5] Dt.: „Hauptstadt der Waffen und Fahrräder"

größere Entfernungen transportiert werden konnte, siedelten sich Industrien mit hohem Stromverbrauch (Elektrometallurgie, Elektrochemie) unmittelbar an den Orten der Stromerzeugung an. Auch Hersteller von Geräten für die Stromerzeugung (Turbinen, Transformatoren) zog es nun nach Grenoble. „So entwickelte sich eine Pionierindustrie, die hauptsächlich Investitionsgüter produzierte" (Michna, R. 1997:123). Erst gegen 1930 verlor die Gegend um Grenoble diesen Standortvorteil durch den Beginn der Energiegewinnung an der Rhône, wodurch ein Wandel der Industriestruktur einsetzte.

Auch Grenoble profitiert heute davon, dass bereits um 1900 erste Forschungseinrichtungen gegründet wurden (z.B. das *Institut électrotechnique* i. J. 1901), welche die wirtschaftliche Entwicklung entscheidend gefördert haben.

4.4. Wirtschaftsstruktur Rhône –Alpes

Rhône-Alpes ist heute nach der Ile de France die zweitstärkste Wirtschaftsregion Frankreichs. Die Region zeichnet sich neben einer gering gewichteten aber spezialisierten Landwirtschaft vor allem durch ein überaus diversifiziertes und in manchen Breichen sehr innovatives Produzierendes Gewerbe aus. Die Industrie ist sehr exportorientiert. Allerdings ist der im nationalen Vergleich immer noch überdurchschnittlich hohe Anteil der Beschäftigten im sekundären Sektor seit Anfang der 80er Jahre rückläufig. Dafür gewinnt der Dienstleistungssektor stetig an Bedeutung. Unternehmensbezogene Dienstleistungen sind dabei zu erwähnen, besonders die Ausweitung der Forschungsaktivitäten und der Logistikbranche. Traditionell ist der Tourismus eine wichtige Stütze der Wirtschaft in der Region.

4.4.1 Landwirtschaft

Der primäre Sektor ist bestimmt durch die geographische Vielschichtigkeit der Region. Angesichts des großen Anteils hoch liegender Gebiete ist die Landwirtschaft in Rhône-Alpes im interregionalen Vergleich unterdurchschnittlich ausgeprägt. Wie in allen Industriestaaten entwickelt sich der primäre Sektor in der Region im Bezug auf die Anteile an den Gesamtbeschäftigten sowie der Gesamtwertschöpfung rückläufig. Während 1962 noch 17% der erwerbstätigen Bevölkerung in der Landwirtschaft arbeiteten, reduzierte sich der Wert bis ins Jahr 1994 auf 3,4 %, schließlich auf 2,6 % im Jahr 2002. Der landesweite Durchschnitt liegt immer noch bei 3,7% (INSEE 2005:46).

Durch den zunehmenden Wettbewerb steht die gesamte Landwirtschaft in Rhône-Alpes unter Druck. Die problematische Situation wird deutlich durch die überdurchschnittlich hohe

Anzahl von Betriebsaufgaben. In den letzten 30 Jahren hat sich die Anzahl der Betrieb um 90.000 auf knapp 50.000 reduziert. Die Betriebe in der Region sind im Vergleich erheblich kleiner als im Rest des Landes. In allen Produktionsbereichen verläuft die Entwicklung negativ (AGREST 2001:1). Besonders betroffen sind die Betriebe in den Höhengebieten. Hier tragen agrarstrukturelle (kleine Betriebsgrößen, starke Parzellierung) und räumliche Ungunstfaktoren sowie eine geringe Investitionskraft zu fortschreitenden Flächenstilllegungen und Betriebsaufgaben. Die traditionelle Höhenlandwirtschaft und der Anbau von Polykulturen werden sukzessive von größeren, oft auf Sonderkulturen spezialisierten, Betriebsformen in den Niederungen verdrängt.

Die Gesamterzeugnis der Landwirtschaft verteilt sich in etwa gleich auf tierische und pflanzliche Produkte.

Gemessen am Produktionswert liegt die Milchviehwirtschaft, die vor allem in den östlichen Gebirgsgegenden (Departements Ain, Isère, Haut-Savoie) angesiedelt ist, an erster Stelle. Allerdings hat sich der Viehbestand in den letzten Jahren auch in diesen Bereichen verringert.

Bei der pflanzlichen Produktion gibt es in der Region eine Vielzahl von Erzeugnissen. Hier ist die Obstproduktion erwähnenswert; ein Sechstel der französischen Obstproduktion stammt aus Rhône-Alpes. Der Obstanbau (Aprikosen, Kirschen, Birnen) konzentriert sich im Rhônetal südlich von Lyon, im Departement Drôme und in der Ardèche. Vom Wert an der Gesamtproduktion am bedeutendsten und wegen der Vermarktungsstrategien interessanter als andere Sonderkulturen ist allerdings der Weinbau. Gemessen an den Produktionsvolumina stellen die Gebiete Beaujolais und Côtes-du-Rhône die größten Anbaugebiete dar. Es gibt in der Region jedoch auch einige ausgesprochene Spitzenweine.

Angesichts zunehmender Konkurrenz und sinkender Preisen setzen viele Betriebe auf die Herstellung qualitativ hochwertiger Produkte und/ oder die Umstellung auf biologische Anbauformen. Besonders ausgeprägt ist diese Entwicklung im Weinanbau: drei Viertel der Gesamtproduktion erfüllen mittlerweile besondere Qualitätsanforderungen und werden unter der Bezeichnung *Appellation d´origine contrôlee* (AOC) oder *Vins délimités de qualité supérieure* (VDQS) vermarktet (Bonnaud, A. und Milleret, J 2005: 3). Aber auch in der Milchwirtschaft, speziell in der Käseherstellung, und dem Obstanbau geht der Trend in diese Richtung.

4.4.2 Sekundärer Sektor

Die Industrie zeichnet sich in der Region durch eine starke Diversifizierung aus. Dabei gibt es mehrere bedeutsame Branchen und Schwerpunkte. Im nationalen Vergleich hat die Industrie eine überdurchschnittliche Ausprägung, was sich sowohl in den Beschäftigtenzahlen als auch im Produktionswert zeigt, auch wenn in den vergangen 2 Jahrzehnten die absolute Beschäftigtenzahl abgenommen hat. Nach dem starken Einbruch zu Beginn der neunziger Jahre stabilisierten sich die Beschäftigtenzahlen, stiegen sogar im Boomjahr 2000 wieder an. Allerdings ist die Entwicklung in den letzten 5 Jahren wieder rückläufig. 2003 lag der Rückgang der Beschäftigtenzahl bei 2,7%, im Jahr 2004 bei 2,0 %. Insgesamt beschäftigt die Industrie 475.000 Menschen in der Region (INSEE 2005: 48).

Abbildung 3: Entwicklung der Beschäftigung im sekundären Sektor (Basis 1990=100)

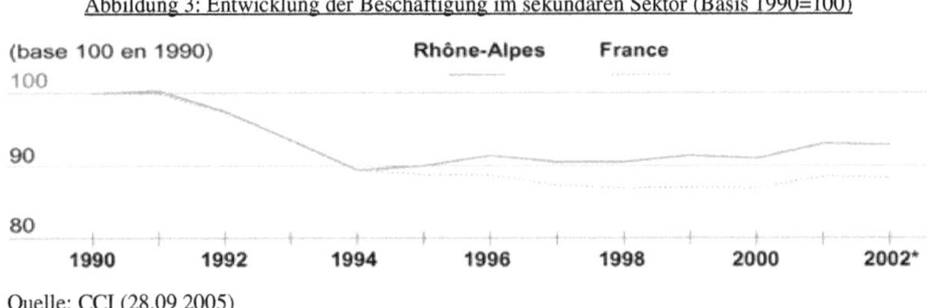

Quelle: CCI (28.09 2005)

Auffällig am sekundären Sektor ist die große Bedeutung der kleinen und mittelständischen Unternehmen. In neun von zehn Betrieben arbeiten weniger als 10 Angestellte, knapp 50 % der Unternehmen sind Ein-Mann-Betriebe. In den Betrieben mit unter 50 Beschäftigten arbeiten allerdings nur 45 % der Industriearbeiter. Das bedeutet, dass in den wenigen größeren Unternehmen mit mehr als 50 Beschäftigten, die in der Region nur 1,5 % der Betriebe stellen, mehr als die Hälfte aller Beschäftigten angestellt sind (CCI 2005a:12). Im Zusammenhang mit der Betriebstruktur steht die Beteiligung ausländischer Firmen an den Unternehmen der Industrie in Rhône-Alpes.

Betrachtet man die Industrie Rhône-Alpes im nationalen Vergleich bezüglich der ausländischen Firmenbeteiligungen, so fällt eine weniger starke Abhängigkeit von ausländischen Unternehmen auf. Nur 19 % aller Firmen unterstehen ausländischen Investoren (22 % im französischen Durchschnitt) (Uterwedde, H. 2005:16). Dennoch spielen ausländische Geldgeber eine nicht zu unterschätzende und wachsende Rolle in der Region; 15 % aller ausländischen Investitionen in Frankreich flossen 2003 nach Rhône-Alpes.

Ein weiteres Merkmal der regionalen Industrie liegt in der starken Exportorientierung. Gemessen am Produktionswert werden 41 % exportiert (CCI 2005a:22).

4.4.2.1 Regionale Disparitäten

Wenn man sich mit der regionalen Industrie befasst, fällt die ungleiche Verteilung innerhalb der Region auf. Abbildung 4 zeigt die Anzahl der Beschäftigten in der Industrie pro Departement und den Anteil der Industrie an der Gesamtbeschäftigung.

Abbildung 4: Industriebeschäftigte nach Departements im Jahr 2002 (mit Baugewerbe)

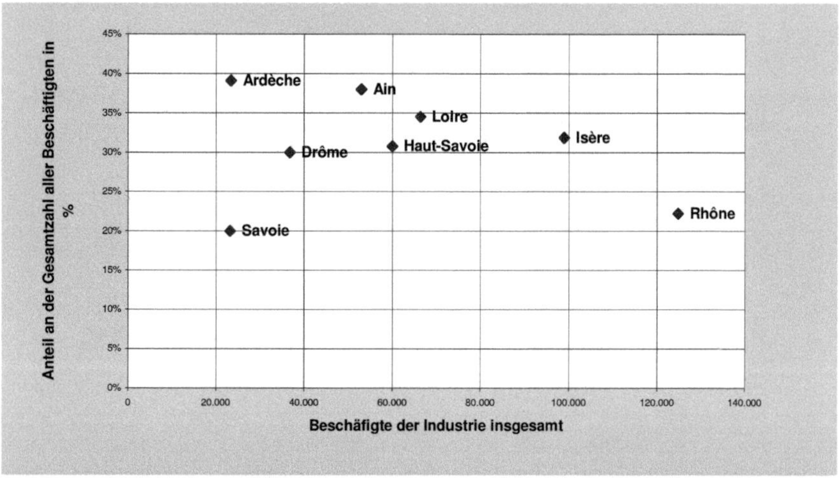

Quelle: Direction Régionale de l'Industrie, de la Recherche et de l'Environnement Rhône-Alpes (20.10.2005), eigene Grafik.

Aber auch qualitativ bestehen erhebliche Unterschiede in der Region. Die wirtschaftliche Entwicklung ist zunehmend durch Disparitäten geprägt. Neben den modernen und dynamischen Teilräumen finden sich auch Gebiete mit veralteten und im Niedergang begriffenen Branchen. Die dynamischen Gebiete liegen im Raum Lyon - Bourg-en-Bresse, innerhalb der großen Längstalfurche (sillon alpin) mit den Zentren Grenoble, Chambéry und Annecy sowie entlang der Rhône südlich von Lyon. Demgegenüber stehen die Passivräume des Zentralmassivs (Loire) und die Höhengebiete von Drôme und Ardèche. Besondere Probleme bereitet dabei das im Zentralmassiv gelegene Industrierevier mit dem Zentrum St. Etienne. Alle wichtigen traditionellen Industriezweige des Gebietes (Steinkohlebergbau, Eisen- und Stahlindustrie, Rüstungs- und Textilindustrie) gehören zu den typischen Problembranchen. Zwar wurde in der Vergangenheit wiederholt durch öffentliche Förderungen versucht den Strukturwandel zu forcieren, doch eine grundlegende Trendwende konnte bisher nicht erreicht werden. Die Arbeitslosenquote in der Stadt liegt noch bei über 15%. Der industrielle Niedergang spiegelt sich auch in der demographischen Entwicklung wider: als einziges Departements erlebte Loire im letzten Jahrzehnt einen Rückgang der Bevölkerungszahl.

In der Ardèche, wo die Textilindustrie seit dem späten 19. Jh. vertreten war, erlebte diese Branche einen drastischen Niedergang. Auf die Ansiedelung neuer Unternehmen wirkt sich die abseitige Verkehrslage hemmend aus. Indikator für die problematische Situation ist die Arbeitslosenquote, die mit 10,1 % im Departement Loire, 11,1 % in Drôme und 10,2 % in der Ardèche im regionalen Vergleich überdurchschnittlich hoch liegt (Rhône-Alpes gesamt 8,9%) (Préfecture de la Region Rhône-Alpes 2005:1).

Neben den beschriebenen Gebieten leiden auch einige östlich gelegene Gebiete in den Alpen unter ihrer abseitigen Lage. Da ihr einstiger Kostenvorteil, die lokale Hydroelektrizität, heute nicht mehr von Bedeutung ist, mussten diverse Betriebe der chemischen Industrie und der Metallverarbeitung schließen. Fortbestehen konnte die Industrie dort nur an wenigen größeren Standorten.

Da die Industrie den wirtschaftlichen Motor der Region darstellt und somit die wirtschaftliche Entwicklung vorgibt, erscheint es zweckmäßig, die Industriezweige in Rhône-Alpes detailliert vorzustellen. Auch um die regionalen Unterschiede besser beurteilen zu können, wird im Anschluss auf die innersektorale Struktur der Industrie und ihre räumliche Verteilung eingegangen.

4.4.2.2 Innersektorale Struktur

Abbildung 5 : Verteilung der Industriebeschäftigten nach Art der produzierten Güter (2003)

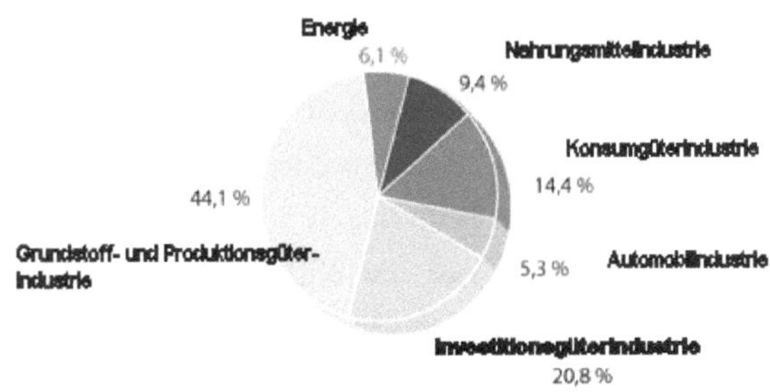

Quelle: Chambres de Commerce et d`Industrie (28.09.2005), verändert

Wie in der Grafik zu erkennen ist, nimmt die Grundstoff- und Produktionsgüterindustrie in der Region den ersten Rang ein. Besondere Bedeutung besitzen hierbei die Chemische Industrie, die Kunststoffherstellung sowie die Produktion und Verarbeitung von Metallen. Die Produktion von Investitionsgütern (Maschinenbau, Elektrotechnik und Elektronik, Automobilbau) steht vor der Konsumgüterindustrie und der Nahrungsmittelindustrie. Auch wenn der Anteil der Beschäftigten in der Energiewirtschaft nur 6,1 % beträgt, kommt dem Energiewesen eine herausragende Rolle in der Industrie der Region zu.

4.4.2.2.1 Produktions- und Grundstoffindustrie

Besonders die traditionell stark in der Region vertretenen Branchen der Produktions- und Grundstoffindustrien waren in den letzten Jahren von deutlichen Beschäftigungsrückgängen betroffen.

Abbildung 6 : Entwicklung der Beschäftigung in der Produktionsgüterindustrie (Basis 1990=100)

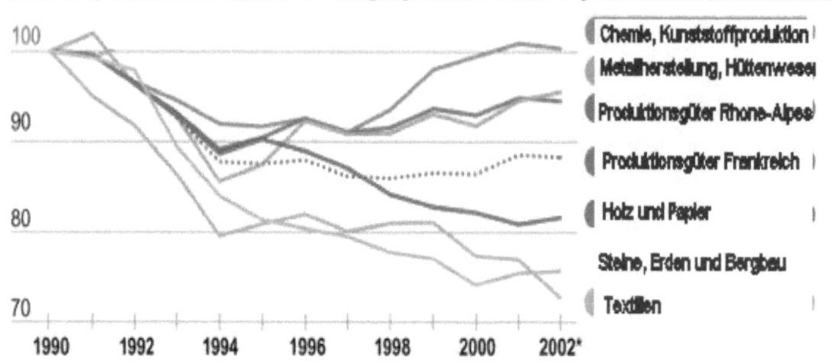

Quelle: Chambres de Commerce et d`Industrie (28.09.2005), verändert

Chemische Industrie, Kunststoffverarbeitung und –produktion

Ein Pfeiler der Wirtschaft in Rhône-Alpes stellt die chemische Industrie dar, die konzentriert im Rhônetal angesiedelt ist. Zentrum der Industrie ist Lyon, wo ein Drittel der Beschäftigten der Branche tätig ist. Die Branche bietet ein sehr diversifiziertes Spektrum an Produkten, der Schwerpunkt liegt allerdings im Bereich der Grundstoffchemie. Besonders die erdölverarbeitende Chemie besitzt überregionale Bedeutung. In der mineralischen Chemie ist die Region national führend. Da sich gerade in den einfachen Bereichen der Grundstoffchemie die Wettbewerbsbedingungen verschärfen werden, versuchen einige Firmen sich im höherwertigen Life-Sciences-Bereich zu etablieren. Ihre Stärke und Expansion (Zuwachs der Beschäftigten um 13 % zwischen 1997 und 2002) in den letzten Jahren liegt in der engen Zusammenarbeit zu Forschungs- und Bildungseinrichtungen begründet. Aus diesem Grund wird in den kommenden Jahren die Bedeutung der Pharmaindustrie weiter zunehmen, während in der Grundstoffchemie die Zahl der Arbeitsplätze zurückgehen wird.

Die pharmazeutische Industrie kommt ebenfalls diversifiziert in der Region vor. Anhand dieser Branche wird die herausragende Position Lyons deutlich: über 60 % der Beschäftigten arbeiten in Großraum Lyon (Ernst&Young 2005:65).

Ein weiterer Industriezweig, der auf die chemische Industrie zurückgeht, ist die Kunststoffproduktion und -verarbeitung. Neben den Standorten Lyon, Romans, St.Etienne, Roanne und Chambéry kommt dem so genannten *Plastic Vallée* in der Umgebung der Stadt Oyonnax im Departement Ain eine Sonderstellung zu. Hier konzentriert sich fast monostrukturell die Kunststoffproduktion in Form von diversen mittelständischen Unternehmen, welche durch hohe Flexibilität und Innovationskraft gekennzeichnet sind und annähernd 15 % der gesamtfranzösischen Produktion fabrizieren.

Textilindustrie

Wie oben bereits ausgeführt, war die Textilindustrie eine Stütze der Industrialisierung. Sie ist heute aber im besonderen Maße vom Stellenabbau betroffen. Über 50.000 Arbeitsplätze verlor die Region in den letzten 30 Jahren (Baleste, M und C. Vareille 1995:177). Nur die Herstellung von Textilien für den technischen Bereich blieb von der Schrumpfung ausgenommen. Seit Mitte der 60er Jahre sind besonders die Hersteller einfacher Produkte an den alten Standorten der Textilindustrie westlich von Lyon in St.Etienne, Roanne und in der Ardèche durch die Konkurrenz aus Niedriglohnländern betroffen. Nach wie vor ist die Zahl der Beschäftigten rückläufig. Allerdings konnten sich einige Unternehmen durch Spezialisierungen und Verbesserungen der Qualität bzw. Produktivität und Rationalisierungen den neuen Gegebenheiten der internationalen Konkurrenz anpassen, so dass die Textilindustrie immer noch 25.000 Menschen in der Region beschäftigt. Damit arbeiten knapp ein Viertel alle französischen Beschäftigten in der Textilindustrie in Rhône-Alpes, womit Rhône-Alpes Nord-Pas-de-Calais als wichtigste Textilregion Frankreichs verdrängt hat (CCI 2005a:33). Ein Vorteil der Region liegt unbestreitbar darin, dass der gesamte Textilbereich vertreten ist: von der Designerausbildung über die Forschung für textile Verfahren und Textilmaschinenbau, Stoffmusterkreationen, Produktion von Fasern, Garnen und Stoffen bis hin zur Herstellung textiler Fertigprodukte (Boughaba, W. 2002:30). Die betriebliche Zusammenarbeit sowie die Kooperation zwischen Forschungseinrichtungen und der Wirtschaft bilden somit die Grundlage für das Bestehen der Branche in der Zukunft, auch wenn der Abbau von weiteren Arbeitsplätzen erwartet wird.

Hüttenwesen, Metallherstellung und –verarbeitung

Ebenfalls problematisch gestaltete sich in der Vergangenheit die Herstellung von Stahl und Buntmetallen (Aluminium). Mit über 70.000 Beschäftigten stellt das Hüttenwesen und die Metallverarbeitung den wichtigsten Arbeitsgeber innerhalb der Industrie, doch reduzierte sich seit 1990 die Anzahl der Beschäftigten um knapp 5 % (CCI 2005a:32). Die Wettbewerbsbedingungen der Eisen- und Stahlindustrie mit den Zentren Lyon, St. Etienne, aber auch in den Alpen (im Departement Savoie) hat sich seit Mitte der 60 er Jahre stetig verschlechtert. Dadurch wurden viele Betriebe zur Aufgabe gezwungen. Auch kam es zu einem Konzentrationsprozess, in dessen Verlauf sich die vormals kleinen Unternehmen zusammenschlossen oder von größeren Konzernen übernommen wurden (Beispiel Arcelor in Ugine).

Gleichzeitig förderte der Wettbewerbsdruck die Spezialisierung. Ein Beispiel hierfür ist die Drehteilfertigung im Arve-Tal bei Annemasse (Haute-Savoie). Die noch überwiegend mittelständischen Unternehmen vereinigen über die Hälfte der französischen Automatendrehteilfertigung auf sich und sind als Zulieferer (z. B. Maschinenbau, Automobilbau, Elektrotechnik) eng in die regionale Wirtschaft eingebunden (DRIRE Rhône-Alpes 2005:13).

4.4.2.2.2 Investitionsgüterindustrie

Einige Branchen der Investitionsgüterindustrie erleben in der jüngeren Vergangenheit einen erheblichen Aufschwung in der Region. Dies trifft im besonderen Maße für die Elektrotechnik und die Hersteller elektronischer Komponenten zu. Ausdruck dieser rasanten Entwicklung ist der Anstieg der Beschäftigtenzahl im Elektronikbereich um 72 % in den Jahren 1997-2002 (CCI 2005a:31). Knapp die Hälfte der französischen Exporte in diesem Bereich stammen aus der Region Rhône-Alpes. Mittelpunkt dieser relativ neuen Industrie ist eindeutig die Gegend um Grenoble, wo in mehreren Technologieparks sowohl öffentliche wie auch private Forschungseinrichtungen (u. a. Motorola, Philips, ST Microelectronics) angesiedelt wurden. Daneben finden sich weitere Standorte in Lyon, St. Etienne und Cluses (Haute-Savoie). Auch die überdurchschnittlich hohen Investitionen belegen den positiven Trend in dieser Branche. Die Elektronikbranche ist ebenso wie viele Unternehmen der Elektrotechnik stark auf den Export orientiert. Mittlerweile bestehen rund 700 Firmen im Bereich der Elektrotechnik und Elektronik, die über 60.000 Menschen beschäftigen.

Der Maschinenbau zählt seit Anfang des 20. Jh. zu den Stärken der Region. Bis heute hat Rhône-Alpes in der Herstellung von Maschinen die nationale Führungsposition inne. Die innerregionale Bedeutung des Maschinenbaus wird anhand der knapp 78.000 Angestellten der Branche deutlich. Im Gegensatz zu anderen Branchen ist der Maschinenbau nicht besonders räumlich konzentriert und mit Lyon, Grenoble, Annecy und Belley (Ain) an mehreren Standorten präsent. Auch die Automobilindustrie kommt in der Region vor. Die Schwerpunkte der in vorwiegend mittelständischen Unternehmen durchgeführten Produktion liegen in den Departements Rhône (Lyon), wo 40 % der Arbeitsplätze innerhalb der Branche angesiedelt sind, Ain (Bourg-en-Bresse) und Ardèche (Annonay) (Ernst&Young 2005:57). Auch wenn Kraftfahrzeugbau und Zulieferbetriebe nur knapp 5 % der regionalen Industriebeschäftigten stellen, ist die Branche eine Stütze der regionalen Wirtschaft, da vielfältige Verknüpfungen zu Zulieferunternehmen beispielsweise aus der Kunststoffproduktion oder Metallherstellungen bestehen.

4.4.2.2.3 Konsumgüterindustrie

Mit ähnlichen Problemen wie die Grundstoffindustrien hatten die Unternehmen der Konsumgüterbranche zu kämpfen.

Ausgenommen die Nahrungsmittelindustrie, die sich konstant entwickelte, schrumpften alle wichtigen Bereiche der Konsumgüterherstellung in der Region. Drastische Einschnitte sind in der Bekleidungsherstellung und Lederverarbeitung bzw. Schuhherstellung zu verzeichnen. Viele Unternehmen waren im Zuge der Liberalisierung des Welttextilhandels der Konkurrenz, vor allem aus Asien, nicht mehr gewachsen und mussten den Betrieb einstellen. Der Niedergang traf überwiegend Städte wie St.Etienne, Roanne (Loire) und Romans (Drôme), in denen die Herstellung von Kleidung die Wirtschaft prägte und wird auch in dem deutlichen Rückgang der Beschäftigtenzahl sichtbar. Allein in den letzten drei Jahren des letzten Jahrhunderts gingen vier von zehn Arbeitsplätzen in der Bekleidungsherstellung verloren (CCI 2005a:44). Nur wenige Betriebe werden langfristig durch Spezialisierung auf hochwertige Markenware überleben können.

Ebenfalls in einer schweren Krise steckt die Produktion von Möbeln und Haushaltsgegenständen, die noch vor 10 Jahren 40.000 Menschen beschäftigte. Heute gibt es dort nur noch 26.000 Arbeitsplätze (CCI 2005a:44).

4.4.2.2.4 Energie

Bereits seit dem 19.Jh. wurde in der Region in großem Umfang Strom erzeugt, wodurch die Industrialisierung der Region stark gefördert wurde. Auch wenn heute nur 6 % aller Industriebeschäftigten im Energiewesen arbeiten, darf die entscheidende Bedeutung der Energiewirtschaft nicht verkannt werden. Die Region ist der größte Stromerzeuger der Republik und liefert knapp ein Viertel der gesamtfranzösischen Produktion. Mittlerweile werden drei Viertel der Energie in Atomkraftwerken erzeugt. Die in den 70er und 80er Jahren erbauten Atomkraftwerke befinden sich allesamt an der Rhône. Insgesamt gibt es 7 Werke, das sind über 30 % der französischen Kernkraftwerkskapazität. Nirgendwo sonst in Europa findet sich eine ähnlich hohe Konzentration von Atomkraftwerken. Vor- und nachgelagerte Sektoren (z.B. Urananreicherung) tragen dazu bei, dass von der Kernkraftwirtschaft eine große Bedeutung für die regionale Wirtschaft ausgeht. Forschungseinrichtungen und staatliche Behörden befinden sich in Grenoble, Lyon, Romans, Annecy und Pierrelatte (Drôme).

Obwohl 42 % der französischen Hydroenergie in der Region produziert wird, trägt die ehemals vorherrschende Stromerzeugung aus Wasserkraft heute nur noch ein Viertel zur regionalen Stromerzeugung bei (CCI 2005a:45). Die ersten Kraftwerke entstanden in den Alpen, ab 1930 trugen diverse Wasserkraftwerke an der Rhône zur Stromversorgung bei.

4.4.3 Tertiärer Sektor

Auch der an Bedeutung zunehmende tertiäre Sektor ist in der Region diversifiziert vertreten. Dabei spielen sowohl kleine und mittelständische Betriebe wie auch internationale Konzerne eine wichtige Rolle. Gemessen an den Beschäftigtenzahlen liegt Rhône-Alpes im Vergleich mit den anderen französischen Regionen nach der Ile-de-France an zweiter Stellen. Allerdings sind die Dienstleistungsbetriebe regional sehr ungleich verteilt.

Insbesondere Lyon, das eindeutige Dienstleistungszentrum, ragt im regionalen Vergleich heraus. Über 70 % der Beschäftigten arbeiten dort im tertiären Sektor.

Augrund der historischen Entwicklung Lyons haben einige Dienstleitungen eine lange Tradition in der Stadt (Messen, Bankgewerbe, Handel). Als Finanzzentrum rangiert Lyon zwar deutlich hinter Paris, dennoch ist Lyon eindeutig das regionale Finanz- und Dienstleistungszentrum. Über 50 nationale und internationale Kreditinstitute sind hier durch Filialen präsent, wenngleich keines mit einem Hauptsitz in der Stadt angesiedelt ist. Das Wachstum des Finanzwesens in der Region schlägt sich auch an der Börse in Lyon nieder. Mittlerweile werden hier 2 % der französischen Börsenumsätze erzielt, während es 1970 nur

0,36 % waren. Diese Zahlen können aber nicht darüber hinwegtäuschen, dass in Lyon im Vergleich zu anderen Regionalzentren wie Mailand, Genf, Barcelona oder Frankfurt ein Nachholbedarf bei verschiedenen Großstadtfunktionen namentlich im Finanzwesen und in der Autonomie der wirtschaftlichen Entscheidungsträger besteht.

4.4.3.1 Unternehmensbezogene Dienstleistungen

In den städtischen Zentren der Region existieren diverse Anbieter unternehmensbezogener Dienstleistungen. Die in vielen Bereichen international bedeutenden Engineering-, Consulting- und Forschungsdienstleistungen stellen neben dem gut ausgebildeten Bildungswesen eine wesentliche strukturelle Stärke der Region dar.

Eine herausragende Stellung der Region im Bereich F&E lässt sich an den hier getätigten Forschungsausgaben erkennen.

Ungefähr 900 öffentliche und private Forschungseinrichtungen sind mittlerweile in der Region angesiedelt. Nach der Ile-de-France, wo annähernd die Hälfte der französischen Forschungsausgaben vorgenommen werden, liegt Rhône-Alpes mit 11,2 % deutlich vor der Region Provence-Alpes-Côte-d`Azur (6,2 %) an zweiter Stelle (CCI 2005b:2). Ein weiterer Indikator für die Stärke der Region in diesem Bereich, ist die hohe Anzahl von Patentanmeldungen beim Europäischen Patentamt: knapp ein Sechstel aller französischen Patentanmeldungen stammen aus Rhône-Alpes.

Die Forschung konzentriert sich in den Räumen Grenoble und Lyon. Auf diesem Gebiet wird das regionale Ungleichgewicht besonders ersichtlich. So befinden sich in Lyon über 500, in Grenoble 200 Forschungseinrichtungen. Die Forschungsschwerpunkte in Lyon liegen im Bereich Gesundheit/Life-Sciences, Chemie, Ingenieur- und Materialwissenschaften und Informatik, während in Grenoble die Bereiche Nuklearforschung, Mathematik, Angewandte Physik und Elektronik im Vordergrund stehen. Zwar gibt es in der Region wie etwa in St. Etienne, Chambéry und Roanne weitere F&E-Standorte, doch konzentrieren sich 72 % der privaten Beschäftigten in F&E in den Departements Rhône und Isère, also in den Departments, in denen Lyon bzw. Grenoble liegen. Auch werden hier über 80 % der privaten Ausgaben in der Forschung getätigt (CCI 2005b:6).

Zahlreiche renommierte Einrichtungen, darunter auch Einrichtungen der staatlichen Forschungsorganisation CNRS[6], finden sich hier, von denen wichtige Impulse für die regionale Wirtschaft und Spin-offs ausgehen.

---

[6] CNRS= Centre Nationale de la recherche scientifique

Ein Schwerpunkt der Regionalpolitik liegt in der Verbesserung der Kooperation zwischen Forschungsinstituten und Unternehmen. Gerade kleine und mittelständische Unternehmen, die sich keine eigenen Forschungsabteilungen leisten können, sollen durch spezielle Kooperationsmodelle (beispielsweise der CCI) gefördert werden.

4.4.3.2 Tourismus

Mit über 155 Mio. Übernachtungen pro Jahr ist Rhône-Alpes nach der Region Provence-Alpes- Côte d`Azur die zweitgrößte Fremdenverkehrsregion Frankreichs, sogar führend beim Alpinismus, Winter- sowie Bädertourismus (Conseil regional 2005:3). Über Zweidrittel des Umsatzes in den französischen Gebirgen wird in den Fremdenverkehrszentren der Region erzielt. Die wirtschaftliche Bedeutung des Tourismus wird deutlich, wenn man sich vergegenwärtigt, dass knapp 98000 Arbeitsplätze direkt vom Tourismus abhängen (Mission d`Ingénierie Touristique Rhône-Alpes 2005:4). Allerdings verteilt sich der Fremdenverkehr sehr ungleich auf die Region. Während der Tourismus im Rhônetal und im Zentralmassiv nur von geringer Bedeutung ist, befinden sich die Schwerpunkte in den Alpen, d.h. vor allem in den Departements Savoie, Haute- Savoie und Isère. In diesen Departements ist zweisaisonaler Fremdenverkehr möglich: Die Höhenlage und die großen Niederschlagsmengen garantieren eine sichere Schneedecke; im Sommer profitiert der Tourismus von der südlichen Lage und der damit verbundenen langen Sonnenscheindauer. Gemessen an den Übernachtungszahlen (66 %) ist das Sommerhalbjahr wichtiger als die Wintersaison (Conseil regional 2005b:3), berücksichtigt man aber die deutlich höheren Umsätze pro Ferientag in der Wintersaison, so wird die große Bedeutung der Wintersportstationen deutlich.

Im Osten der Region liegen die bekanntesten Wintersportorte Frankreichs, wie bspw. *Les Trois Vallées*[7]sowie Val d´Isère, Tignes oder La Plagne. Für einen starken Auftrieb (nicht nur) des Wintertourismus sorgten die olympischen Spiele von Grenoble (1968) und Albertville (1992), die einhergingen mit einem intensiven Ausbau der Infrastruktur.

Neben den östlichen Gebieten der Alpen findet sich noch im Süden der Region, genauer gesagt im Departement Ardèche, ein weiteres Zentrum des Tourismus. Hier dominiert allerdings der weniger umsatzstarke und auf den Sommer beschränkte Campingtourismus.

„Insgesamt stellt der Fremden- und Freizeitverkehr in Rhone-Alpes ein ganz zentrales Standbein des tertiären Sektors dar [...]. Er hat maßgeblich zur demographischen und wirtschaftlichen Stabilisierung einiger Teilräume beigetragen" (Michna, R. 1997: 182).

---

[7] Les Trois Vallées ist das größte zusammenhängende Skigebiet Europas mit über 250.000 ha und 103.000 Fremdenbetten.

4.4.3.3 Verkehr und Logistik

Die geographische Lage gehört zu den Gunstfaktoren der Region. Hier verlaufen die Saône-Rhône-Achse in Nord-Süd-Richtung sowie die Ostverbindung zur Rheinschiene und die Verbindung zur Poebene. Sämtliche Verkehrsrouten laufen in Lyon zusammen. Die Stadt ist im Autobahn- und Eisenbahnsystem Durchgangspunkt für Verkehre zum Mittelmeer und Verteilerpunkt für Verkehre nach St.Etienne und ins Zentralmassiv ebenso wie für Verkehre nach Genf, Chambéry, Grenoble und in die norditalienischen Städte (Woitschützke, C. 2002:283). Alle Arten von Verkehrsträgern sind in der Region anzutreffen.

Natürliche Leitlinie des Verkehrs ist die Rhône. Obwohl die Rhône südlich von Lyon mit Schubverbänden bis zu 5000 t befahrbar ist, werden nur 2 % der Gütertransporte in der Region auf dem Wasserweg transportiert. Rhône und Saône stellen für Binnenschiffe der Europa-Klasse eine Sackgasse dar, weil der im 19Jh. entstandene Rhein-Rhône-Kanal nur Ladungen bis 350 t zulässt. Ein Ausbau des Rhein-Rhône-Kanals wird bereits seit den 1950er Jahren gefordert, um die Lücke auf der 1700 km langen Wasserstraße zwischen Rotterdam und Fos-sur-Mer zu schließen (Michna, R. 1997:136). Angesichts der künftig zu erwartenden Zunahme des Verkehrs- und Transportaufkommens und den damit verbundenen Überlastungsproblemen erscheint der Ausbau notwendig. Momentan sieht es jedoch so aus, also ob er nicht realisiert wird (CCI 2005c:3).

Ebenfalls negativ auf die Binnenschifffahrt wirken sich das gut ausgebaute Pipelinesystem aus, mit dem Erdöl und –gas von den Mittelmeerhäfen transportiert werden. Die South European Pipeline verläuft parallel zur Rhône von Fos durch das Rhônetal nach Norden durch Lothringen bis nach Ludwigsburg (Woitschützke, C. 2002:283).

Im Gegensatz zur den Wasserstraßen in der Region steht das exzellent ausgebaute Eisenbahnnetz. Die Strecke Paris-Lyon ist die wichtigste innerfranzösische Strecke. Der erste Hochgeschwindigkeitszug fuhr 1981 auf dieser Strecke. Seitdem ist das TGV-Netz sukzessive ausgebaut worden, so dass mittlerweile auch die Strecke Paris-Marseille in Betrieb genommen wurde. Die Fahrzeiten konnten durch die Verbesserungen der Infrastruktur erheblich verkürzt werden. Die Fahrgäste können per TGV die Strecke Paris-Lyon in 1 h 55 min. zurücklegen. Bis Marseille benötigt der Schnellzug nur 90 Minuten. Lyons Bedeutung als Drehscheibe für internationale TGV-Verbindungen nach Mitteleuropa, Italien und Spanien soll weiter ausgebaut werden, wie die Bauarbeiten an der transalpinen Hochgeschwindigkeitsstrecke nach Turin und Mailand belegen. Angesichts des zunehmenden Verkehrsaufkommens gerade im Transportbereich sind die lokalen Entscheidungsträger darum bemüht, mehr Güter auf der Schiene transportieren zu lassen.

Trotz der Bedeutung des Eisenbahnnetzes läuft der Großteil des Verkehrs- und Güteraufkommens nach wie vor über das Straßennetz. Beinahe die Hälfte aller durch Frankreich transportierten Güter passieren die Region (CCI 2005c:2). Die Bedeutung von Transport- und Logistikbereich ist stark zunehmend. Durch die zentrale Lage der Region wurden in der jüngeren Vergangenheit zahlreiche nationale und internationale Unternehmen angezogen. Im Osten Lyons in Verbindung zum Flughafen, im Rhônetal und in der Nähe von Bourg-en-Bresse sind wichtige Logistikzentren entstanden. Viele Unternehmen beliefern von dort ihre südeuropäischen Kunden.

Rund 180 Millionen Menschen wohnen im Lkw-Tagesradius von 800 km. Auch der Groß- und Einzelhandel nutzt die günstige verkehrsgeographische Lage der Region. Vom Großraum Lyon aus agieren eine Reihe von Unternehmen zur Belieferung des französischen Marktes. Eine Strategie, die vor allem für italienische Exporteure Vorteile mit sich bringt (Michna, R. 1997:147).

Kaum verwunderlich erscheint somit die Überlastung der Straßen im Rhônetal, besonders im Großraum Lyon. Ebenfalls überlastet sind oftmals die Straßenverbindungen nach Italien. Um diesen Erscheinungen entgegen zu wirken, wird das Autobahnnetz weiter ausgebaut. Nachdem mit der Errichtung der Verbindung Genf-Annecy-Chambery-Grenoble-Valence eine Alternative zur Rhônetaltrasse geschaffen wurde, soll der Großraum Lyon durch den Ausbau einer Autobahn zwischen Grenoble und Marseille entlastet werden. Gleichzeitig erhielte Grenoble dadurch einen direkteren Zugang zur wirtschaftlich prosperierenden Côte d´Azur. Beim Autobahnausbau erscheint angesichts zunehmender Überlastungsprobleme eine verbesserte Stadtumgehung bei Lyon erforderlich, obwohl das Straßennetz in der Stadt und im Umland bereits erheblich ausgebaut worden ist (Winkler, M und Meinel, G. 2003:32). Des Weiteren sollen die westlichen Gebiete im Zentralmassiv durch eine Verbindung zwischen Toulouse und Lyon besser angebunden werden. Somit können in der regionalen Verkehrspolitik drei Prioritäten festgestellt werden:

1. Sicherung des Nord-Süd-Verkehrs durch den Ausbau der bestehendem Autobahnen,

2. Ausbau des Schienennetzes und der Autobahnen nach Italien,

3. Förderung von strukturschwachen Räumen durch Verbesserung der Verkehrsinfrastruktur.

Der Flugverkehr spielt im Vergleich zum Straße- und Eisenbahnverkehr eine untergeordnete Rolle. In der Region befindet sich mit Lyon St. Exupéry der drittgrößte Regionalflughafen Frankreichs (5,6 Mio. Passagiere 2003)[8](CCI 2005c:5), der in den letzten Jahren massiv erweitert und an das TGV-Netz angeschlossen wurde. Auch wenn der Flughafen sowohl bei

---

[8] Zum Vergleich: Paris Charles de Gaulle 48,1 Mio., Frankfurt 48,4 Mio. und Düsseldorf als viertgrößter Flughafen Deutschlands 14, 3 Mio. Passagiere

den Passagierzahlen als auch beim Frachtaufkommen ein kräftiges Wachstum verzeichnen konnte, steht St. Exupéry im Schatten des Flughafens in Genf-Cointrin, welcher nur 70 Autominuten entfernt liegt. Die Wachstumschancen des Flughafens können dennoch positiv eingeschätzt werden, da St. Exupéry mit dem TGV-Anschluss über eine hervorragende Anbindung nach Paris verfügt und darüber hinaus noch erhebliche Flächenkapazitäten anbieten kann.

5. Fazit

Durch diese Arbeit sollte deutlich geworden sein, dass es sich bei der Region Rhône-Alpes um einen äußerst diversifizierten Wirtschaftsraum handelt. Der landwirtschaftliche Sektor verliert zunehmend an Bedeutung. Trotz ebenfalls rückläufigen Beschäftigtenzahlen bleibt der sekundäre Sektor der Motor der regionalen Wirtschaft. Die letzten drei Jahrzehnte sind gekennzeichnet durch eine Verlagerung der wirtschaftlichen Kerngebiete nach Osten. Dabei verstärkte sich die räumliche Polarisierung zwischen dem altindustrialisierten und wachstumsschwachen Industrierevier von St. Etienne und den dynamischen Agglomerationen von Lyon und Grenoble mit einem breiten Branchenspektrum. Letztere zeichnen sich durch einen hohen Besatz von Forschungseinrichtungen und Hightech-Unternehmen aus. Gerade der „Raum Grenoble veranschaulicht exemplarisch die Bedeutung innovativer Milieus für die Herausbildung von Standorten der Hochtechnologie" (Michna, R. 1997: 166). Die beiden Städte bilden die Wachstumsachse künftiger Entwicklungen und werden sich trotz der historisch bedingten Konkurrenz weiter annähern.

Daneben existieren allerdings noch weitere meist spezialisierte Industrieballungen wie z. B. in Oyonnax, im Arvetal und in Bourg-en-Bresse.

Auch der an Bedeutung zunehmende Dienstleistungssektor verstärkt die regionalen Ungleichheiten, da sich gerade die unternehmensbezogenen Dienstleitungen (F&E, Consulting) in Grenoble, besonders aber in Lyon, konzentrieren.

Der Tourismus spielt sich hauptsächlich in den Alpen ab und trägt zur wirtschaftlichen Stabilität der östlichen Gebiete der Region bei.

Die Region profitiert in erheblichem Maße von der verkehrsgünstigen Lage in der Mitte Europas. Die gut ausgebaute Verkehrsinfrastruktur trägt wesentlich zur Prosperität der Region bei. Um das künftig zunehmende Transportsaufkommen bewältigen zu können, liegt ein Schwerpunkt der regionalen Entwicklungspolitik auf dem weiteren Ausbau des Verkehrsystems.

6. Literaturverzeichnis

- AGRESTE Rhône-Alpes (2001): Recensement Agricole 2000, abrufbar unter
  http://www.agreste.agriculture.gouv.fr am 1.11.2005
- Baleste, M und C. Vareille (1995): Le région Rhône-Alpes. In: Montagne-Vilette, S. und Baleste, M. (Hrsg.) :
  La France- Les 22 régions, Paris
- Bonnaud, A. und Milleret, J (2005): Rhône-Alpes mise sur la qualité. In: AGRESTE Rhône-Alpes – Coup
  D`œil, abrufbar unter http://www.agreste.agriculture.gouv.fr am 1.11.2005
- Boughaba, W. (2002) : Panorama de L´Industrie textile-habillement dans la région Rhône-Alpes. In : Rapport
  de recherche bibliographie 2001-2002 – Université Lumière Lyon II, abrufbar unter
  http://www.enssib.fr/autres-sites/dessride/dessride02/basecartevisite/boughaba_visite.htm
- Brüchner, W. (1987): Frankreich – Dezentralisierung oder Persistenz des Zentralismus ? In: Geographische
  Rundschau, Jg. 39, Heft12, S.668-674
- Chambres de Commerce et d`Industrie (2005a): Les activités économique – L`Industrie, abrufbar unter
  http://www.rhone-alpes.cci.fr/economie/panorama/panorama/4_03_p.html am28.09.2005
- Chambres de Commerce et d`Industrie (2005b): Recherche et Innovation, abrufbar unter http://www.rhone-
  alpes.cci.fr/economie/panorama/panorama/5_03_recherche_innovation.html am 9.11.2005
- Chambres de Commerce et d`Industrie (2005b): Les infrastructure de communication, abrufbar unter
  http://www.rhone-alpes.cci.fr/economie/panorama/panorama/5_04_infrastructure.html am 11.11.2005
- Conseil Regional (2005): Elus et politiques régionales, abrufbar unter http://www.cr-rhone-alpes.fr/V2/.html
  am 29.09.2005
- Contrat de Plan entre l´Etat et la Région Rhône-Alpes 2000-2006 (2000), abrufbar unter www.rhone-
  alpes.pref.gouv.fr/webmaster/contrat_plan/cper_2000_2006.PDF
- Direction Régionale de l`Industrie, de la Recherche et de l`Environnement Rhône-Alpes (2005) : L´Industrie en
  Rhône-Alpes, abrufbar unter 2005 http://www.rhone-alpes.drire.gouv.fr/di/industrie/territoire.htm am
  1.10.2005
- Ernst&Young (2005) : Assistance à la définition de la stratégie de développement économique régional,
  abrufbar unter http:// www.cr-rhonealpes.fr/V2/content_files/SRDE_RA_Diagnostic_thematique_1.pdf
  am 26.09.2005
- Hoffmann-Martinot, V.(2005): Zentralismus und Dezentralisierung in Frankreich. In: Kimmel, A. und
  Uterwedde, H. (Hrsg.): Länderbericht Frankreich, Bonn
- INSEE Rhône-Alpes (2005): L´année économique et sociale 2004, abrufbar unter http://www.insee.fr/rhône-
  Alpes am 6.10.2005
- Kempf, U. (1997): Politische Strukturen und Verbände. In: Große, E., Kempf, U. und Michna, R.
  (Hrsg.):Rhône-Alpes. Eine europäische Region im Umbruch. In: Studien des Frankreich-Zentrums der
  Albert-Ludwigs-Universität Freiburg, Berlin
- Michna, R. (1997): Wirtschafts- und Bevölkerungsstrukturen einer europäischen Drehscheibe. In: Große, E.,
  Kempf, U. und Michna, R. (Hrsg.):Rhône-Alpes. Eine europäische Region im Umbruch. In:
  Studien des Frankreich-Zentrums der Albert-Ludwigs-Universität Freiburg, Berlin
- Mission D`Ingénierie Touristique Rhône-Alpes (2005) : Tous les chiffres du tourisme en Rhône-Alpes – 2004 :
  le tourisme en mutation, abrufbar unter http://www.rhone-alpes.ort.com am 25.10.2005
- Pletsch, A. (2003): Frankreich, 2.Auflage, Darmstadt
- Préfecture de la Région Rhône-Alpes (2005): Le Marche du travail régional et départemental en août 2005,
  abrufbar unter http://www.rhone-alpes.travail.gouv.fr/publications/statsDR/martra0805.pdf
- Tharun, E. (1987): Idee und Realität der Planifikation in Frankreich. In: Geographische Rundschau, Jg. 39,
  Heft12, S.700-706
- Uterwedde, H. (2004): Wirtschaftliche Modernisierung. In: Informationen zur politischen Bildung, Heft 285, S.
  10 – 20.
- Uterwedde, H. (2005): Kapitalismus á la francaise. In: Kimmel, A. und Uterwedde, H. (Hrsg.) Länderbericht
  Frankreich, Bonn
- Woitschützke, C. (2002): Verkehrsgeographie, 2. Auflage, Troisdorf
- Winkler, M und Meinel, G. (2003) GIS-basierte Flächenentwicklungsanalyse von fünf europäischen
  Großstädten (Bilbao, Bratislava, Dresden, Lyon, Palermo) auf der Basis digitaler Datenbestände. In:
  Geoinformationssysteme - Theorie, Anwendungen und Problemlösungen. Institut für Kartographie der
  TU Dresden, S.28-35, abrufbar unter http:// www.ioer.de/PublPDF/winkler1.pdf

Abbildungsverzeichnis:

- Abbildung 1: Das Gebiet der Region Rhône-Alpes
  Quelle: Chambres de Commerce et d`Industrie (CCI), abrufbar unter
  http://www.rhone-alpes.cci.fr/economie/cartes/index.php am 19.11.2005

- Abbildung 2 : Ausgaben der Region Rhône-Alpes (2004) in Mio. Euro
  Quelle: Conseil Régional, abrufbar unter http://www.cr-rhone-alpes.fr/V2/.html am
  29.09.2005

- Abbildung 3: Entwicklung der Beschäftigung im sekundären Sektor
  Quelle: Chambres de Commerce et d`Industrie (CCI),   abrufbar unter
  http://www.rhonealpes.cci.fr/economie/panorama/panorama/4_03_p.html am
  28.09.2005

- Abbildung 4: Industriebeschäftigte nach Departements im Jahr 2002 (mit Baugewerbe)
  Quelle: Direction Régionale de l`Industrie, de la Recherche et de l`Environnement
  Rhône-Alpes, abrufbar unter 2005 http://www.rhone
  alpes.drire.gouv.fr/di/industrie/territoire.html am 1.10.2005

- Abbildung 5 : Verteilung der Industriebeschäftigten nach Art der produzierten Güter (2003)
  Quelle: Chambres de Commerce et d`Industrie (CCI),
  abrufbar unter http://www.rhonealpes.cci.fr/economie/panorama/panorama/
  4_03_p.html am 28.09.2005

- Abbildung 6 : Entwicklung der Beschäftigung in der Produktionsgüterindustrie
  Quelle: Chambres de Commerce et d`Industrie (CCI),
  abrufbar unter http://www.rhonealpes.cci.fr/economie/panorama/panorama/
  4_03_p.html   am 28.09.2005